論語
百句說
管理

李樑堅 著

麗文文化事業

■ 國家圖書館出版品預行編目（CIP）資料

論語百句說管理 / 李樑堅著. -- 初版. -- 高雄
　市：麗文文化, 2017.01
　　面；　公分
　　ISBN 978-957-748-915-9（平裝）

　1.論語　2.研究考訂　3.企業管理

494　　　　　　　　　　　105025449

論語百句說管理

初版一刷・2017年1月　初版二刷・2018年6月

著者	李樑堅
封面設計	王禹喬
發行人	楊曉祺
總編輯	蔡國彬
出版者	麗文文化事業股份有限公司
地址	80252 高雄市苓雅區五福一路 57 號 2 樓之 2
電話	07-2265267
傳真	07-2233073
網址	www.liwen.com.tw
電子信箱	liwen@liwen.com.tw
劃撥帳號	41423894
購書專線	07-2265267 轉 236
臺北分公司	23445 新北市永和區秀朗路一段 41 號
電話	02-29229075
傳真	02-29220464
法律顧問	林廷隆律師
電話	02-29658212

行政院新聞局出版事業登記證局版台業字第 5692 號
ISBN 978-957-748-915-9（平裝）

麗文文化事業　　　　　　　　　　　定價：160 元

中華民族不僅歷史悠久，更創造出優良、厚實而具包容力之文化。先秦時期，諸子百家為中國開創多元而燦爛之學術思想基礎。降及漢代，孝武皇帝採董仲舒之議，而宣示「罷黜百家，獨尊儒術」。自此，以孔子為宗師，而揭櫫「人本」，強調「倫理」、倡導「道德」，而秉持「中道」之儒家學說，終成中華民族兩千多年來，學術思想與生活文化之主流核心。

《史記‧孔子世家》載：「天下君王至於賢人眾矣，當時則榮，沒則已焉。孔子布衣，傳十餘世，學者宗之。自天子王侯，中國言六藝者，折中於夫子，可謂至聖矣。」清世宗於雍正元年三月（西元 1723 年），詔禮部曰：「至聖先師孔子，道冠古今，德參天地，樹百王之模範，立萬世之宗師，其為功于天下者，至矣！」雍正五年二月，又詔云：「朕惟孔子，以天縱之至德，集群聖之大成。堯、舜、禹、湯、文、武相傳之道，具於經籍者，賴孔子纂述修明之。而《魯論》一書，尤切於人生日用之實，使萬世之倫紀以明，萬世之名分以辨，萬世之人心以正，風俗以端。……」雍正連發兩詔，指明孔子之所以受億兆世人之崇敬，除因其人格之偉大外，乃在於夫子倡導「明倫紀」、「辨名分」、「正人心」、「端風

俗」之教化，而奠定中華民族優良之人文精神根基。

　　《論語》一書，乃載錄孔子之人格風範及其明訓，最直接之典籍。《漢書・藝文志》載：「《論語》者，孔子應答弟子、時人，及弟子相與言，而接聞於夫子之語也。」然則，《論語》可謂蘊含夫子天縱之睿智與遠大之視野與胸襟。或有以「中國人之聖經」稱之，良有以也。近人梁任公先生推崇《論語》一書，云：「二千年來，國人思想之總泉源。」又：「孔子這個人有若干價值，則《論語》這部書，也連帶有若干價值。」日本近代之著名漢學家、兒島獻吉郎則云：「《論語》一書，實通之古今而不謬，施之中外而不悖者。」且謂：「孔教博行於一國，孔道永傳於百世。……予所以稱孔子為中國絕代之偉人。且也孔子之道，遠播於四域之外。……就全世界觀之，論語之價值，已與《新約全書》競勝。」古今中外學者之推崇如此，《論語》之殊勝，可想而知矣。

　　實則，《論語》一書之思想理念，不僅為無數中國人藉以為立身處世及為學、為政之圭臬，其精神更被廣泛應用於教育、藝文，乃至經濟、企管……等方面，多能發揮其直接而有效之指導功能。長久以來，以儒家思想所建構之價值觀念與道德標準，更影響於鄰近之韓國、日本、越南、新加坡……等，亞洲大半之國家，形成所謂「儒家文化生活圈」，相較於凸顯「個人英雄」，標榜「功利主義」，而憑藉宗教之力量，以維繫家庭關係及社會正義之「西方文化」，截然有所不同，且多所超越。

　　《大學》載：「物有本末，事有終始。知所先後，則近道矣。」此誠千古不易之定律。然而，為學求知，其本末、先後為何？竊以為世人為學，當以「正德」為本，即以修己立品、開展胸

襟視野，提昇自身之人格為先務，而知識之充實與見聞之增廣，則等而次之。至於，學問知識之價值及其終極目標，則在於發揮其指導功能，以改善、提昇人類之生活品質。《尚書・大禹謨》載：禹曰：「正德、利用、厚生，惟和。」其此之謂乎！宋初、鴻儒胡安定先生嘗謂：儒家之綱常名教，乃萬世不變之「體」，而儒家之典籍詩書，為垂法後世之「文」。將「體」、「文」付諸現實，藉以「潤澤斯民」，達到「民安國治」之目的，即所謂「用」之所在。先生倡此「明體達用」之說，誠乃的論也。

眾所周知，大和民族乃一注重教育而擅於仿效之族群。長久以來，日本之傳統文化受儒家思想之影響至為深遠，其有識之士，亦多服膺於儒家思想，而深好《論語》一書。近代以來，成功將《論語》之精神，應用於企業經營者，比比皆是。如：被譽為「日本近代工業之父」、「日本金融之王」及「日本近代經濟領路人」之澀澤榮一（1840-1931），即認定《論語》一書乃「工商之本」，奉之為「商業聖經」，進而，將儒家之精神，與效仿歐美之經濟理論，融合為一，著《論語加算盤》一書，而奠定近代以來，日本經營思想之基礎。澀澤氏嘗謂：《論語》一書，講究忠、孝、仁、義；「算盤」則言商求利。二者並不矛盾，關鍵在於能「見利思義」。稍後，有「日本經營之神」美譽之「松下電器」（NATIONAL）創辦人松下幸之助，其經營管理之論，亦明顯以儒家思想為基礎。至於晚近，諸多對日本經濟振興有重大貢獻之企業家，亦多深受儒家精神之影響。如：「當代日本經營四聖」之一，「京瓷」會社（KYOCERA）之創辦人稻盛和夫，有一追隨多年之學生皆木和義，撰就《稻盛和夫的論語》一書，指稱稻盛先生之經營哲學，乃源自《論語》。且謂：一般而言，《論語》對倫理、道德論述較多，然而，稻盛和夫除論述經營者之修身養性外，於企業之社會責

任與倫理等方面，亦大量引用《論語》之道理。他如：「東芝」（TOSHIBA）總經理土光敏夫、「豐田」會社（TOYOTA）之創始人豐田佐吉、豐田喜一郎父子均喜好研讀《論語》。此外：盛田昭夫（SONY「索尼」電器會社創辦人之一）、橫山亮次（日本化成會社總經理）、小平浪平（HITACHI「日立」集團創辦人）與立石一真（立石電機會社創辦人）⋯⋯等，日本工商界舉足輕重之企業家，多將儒家所倡之「人本」、「誠」、「禮」與「和為貴」、「和而不同」⋯⋯等精神，或加體現、倡導，或作為企業經營之指導原則。《論語》一書所闡發之理念、精神，對於日本企業文化之影響，可見一斑。

　　管理學博士李樑堅出身北港小康之家，自幼勤勉好學。就讀中學時，初誦《論語》一書，即愛不釋手，一再研讀，而未嘗或懈。及長，就讀成功大學交通管理系、所，以優異之成績獲管理學之博士學位，並通過公務人員高等考試。經短暫之公職生涯，旋獲聘至義守大學任教並兼任財金系主任。由於樑堅博士學識優異而擅於融會貫通，且能學以致用，並將所學發揮於行政管理之實務上，而政通人和，屢蒙長官委以重任。歷任推廣教育中心主任、主任秘書、管理學院碩士在職專班EMBA執行長等職，成效卓著，終獲董事會拔擢為行政副校長。

　　樑堅博士有鑑於於平素授課，時有援引《論語》中相關之章句，以為企業管理之參驗，而反應奇佳。乃於課餘之暇，爬羅剔抉，精選廿篇《論語》四百八十餘章中，與管理相關之言百句，分別摘隸於：團隊管理、目標管理、人力資源管理、行銷管理、員工管理及自我管理、領導及管理創新思維、自我及人際關係管理、經營管理、企業文化、忠誠度建立、成本管理、企業誠信、其他管理

共十三單元。推衍聖哲之智慧教言，以為析說管理實務之參酌，名曰：《論語百句說管理》。書成，邀序於我，觀乎此書，乃援傳統之哲思，而用於現代管理之所謂跨領域著作，頗具創意。余於管理學雖屬門外漢，然閱讀之後，多所領悟，受益匪淺。唯《論語》一書蘊含古昔聖哲諸多為人處事之智慧與經驗，無怪乎宋初、宰相趙普嘗有「半部《論語》治天下」之言。然則，《論語》章句中之義理，可應用推衍於企業管理之章句，當不止於此。誠有待樑堅博士再接再勵，進一步充實發揮者。謹贅此，用表慶賀及期勉之意。

國際儒學聯合會　顧問

方俊吉　博士

管理學是一門實務活用的學科，不僅可應用在企業經營與治理，也可用在平常人際關係互動及人生自我管理以及政府職能的治理。然而至聖先師孔子的人生言論及治理智慧更是無限延伸，除了對相關事件的管理智慧加以闡述外，跟其弟子的問答及其他君王諸侯的詢問對談中，也處處流露出管理的禪機及哲理。

《論語百句說管理》乃是將論語的文句中篩選出跟管理應用過程可以有較為明顯連接的意涵，利用語譯及管理延伸內涵的方式，將平時可以學習到的管理方法及應用技巧，嘗試從企業管理觀點來加以解釋及說明。希望讀者不僅可以體會論語中的孔子思想，同時也能加以推展到管理上的創造應用，以發揮「讀、想、用」之境界。

本書均以魏・何晏注、北宋・邢昺疏之《論語注疏》為底本，包含 100 句孔子及其弟子主講論語的經典語句，共分 13 篇，區分有團隊管理 3 則、目標管理 2 則、人力資源管理 15 則、行銷管理 3 則、員工管理教育及自我管理 22 則、領導及管理創新思維 13 則、自我及人際關係管理 22 則、經營管理 10 則、企業文化 4 則、忠誠度建立 1 則、成本管理 1 則、企業誠信 2 則及其他管

理範疇 2 則，因此跟企業管理各功能也都嘗試予以互相呼應，再經由文句之翻譯及個人管理經驗之體會，希望給予讀者有「相互串聯，融合古今」之想法。

　　管理之功效往往需見證於許多相關企業案例的實踐，而論語之中心思維則是環繞在「自我管理」、「誠信待人」、「不斷成長及創新」之內涵中，雖然這只是個人看法的提出，而後也希望能結合孟子、大學、中庸再擴大融合形成四書管理學之精華，讓中華先賢的智慧領悟能夠感動影響更多人，並能加以力行實踐，進而提昇社會國家的中道力量，以形成更為臻善的生活氛圍。

　　論語雍也篇：「己欲立而立人，己欲達而達人」，一個人不能只有自己有能力，而是要別人也一起共同成長，這就是團隊管理的重要性，如果主管能力強，也能帶動部屬能力有所提昇，就能發揮整體戰鬥力。在論語泰伯篇也提及：「士不可以不弘毅，任重而道遠。仁以為己任，不亦重乎？死而後已，不亦遠乎？」，知識分子有責任目標，也要宣導仁道，同樣地企業經營的目標及願景也是企業經營者要加以努力的部分。又如論語述而篇提及：「奢則不遜，儉則固」，也是企業之基本經營法則及追求目標，企業經營不能賺了錢，就不懂得要節約及減少浪費成本。

　　在人力資源管理中，論語為政篇也提及：「舉直錯諸枉，則民服。舉枉錯諸直，則民不服。」如果企業能夠選擇正直有能力的人當主管及上司，則部屬也較能服氣工作，否則選到都是小人或沒有能力者，則企業的文化及工作場所的氛圍就會被破壞，因此人資的考核就相當重要，這也是至聖先師孔子早就提出之觀念。同樣地在論語為政篇也提及觀察一個人的表現，其方法就是「視其所以，觀

其所由，察其所安，人焉廋哉？人焉廋哉？」，包括一個人做事的動機、方法及目的都可以藉由仔細的觀察而進行實質的考核，如此在晉升主管之評估，就有一些客觀的進行方式，包括平時的考核跟目前企業人資部門採用之方式，早已不謀而合。

在行銷管理中，論語學而篇提出：「不患人之不己知，患不知人也。」，也呼應了消費者行為分析是相當重要的，因為生產和服務是要滿足客戶的需求，而不是要顧客去迎合生產者所提供的產品，也就是朝向顧客導向生產的才是王道，不能只要求別人要了解自己，這是不合乎實際的。

在員工自我管理中，論語泰伯篇提及：「學如不及，猶恐失之。」，就企業員工及主管而言，不斷的自我學習及成長是很重要的一個過程，因此在工作職場要能保持精益求精的態度，才不會被職場淘汰。有如論語衛靈公篇提出的「工欲善其事，必先利其器」，也是提醒員工在選擇工作職場過程一定要先建立自己的工作技能，才是找到好工作的基本要件。

而在企業經營中，不斷創新是一個必要的過程，在論語為政篇提及「溫故而知新，可以為師矣！」，就是一個明證，而且還要把好的知識及技能不斷宣揚及推廣，如此才能提昇團隊的知能，公司整體競爭力也才能不斷增進。

在領導特質中，論語子路篇提及：「其身正，不令而行；其身不正，雖令不從。」，也就是主管要以身作則，因為員工都在看，而自己擔任主管者，自己遵照一定規則做事，才能讓員工有所依循。另外論語子張篇也提及：「君子有三變：望之儼然，即之也

溫，聽其言也厲。」，也是一個領導者必備之方式，亦即如何剛柔並濟，產生尊重及追隨感，這是領導者的重要特質。

對於人際關係管理，論語里仁篇提及：「德不孤，必有鄰」，亦即志同道合的人只要自己保持一定做人及良好的道德原則，就不用擔心沒有人可以作伴，論語衛靈公篇提及：「道不同，不相為謀」，也是同樣的道理。

誠信之核心思想在企業經營中是一項重要的原則，在論語里仁篇提及：「君子喻於義，小人喻於利」、「放於利而行，多怨」，因此企業也要善盡企業社會責任，不能只有想到賺錢，而沒有對社會服務有所回饋，論語為政篇提及「人而無信，不知其可也」也揭示同樣的道理。

由古觀今企業經營管理思維，許多都已在論語的文句中早有闡述，並有許多異曲同工之妙，亦即都能用現代的企業管理術語來加以說明，因此如能有機會將至聖先師孔子所說的論語佳句，延伸至企業的管理思維及目標願景，應當有不錯的回饋及分享，也希望能加以適度推廣。目前中國大陸皆有儒商組織及孔子學院之設立，在台灣也有王品集團將論語作為企業治理圭臬。當然對於論語管理學所延伸列舉內容只能算是屬於自己的看法及體會，然而每一個人在對一個論語文句的解讀時也可能想法不同，這都是每個人的領略認知不同。因此這本書只能算是拋磚引玉，也希望有一些志同道合的人能一起共同來加入編寫，而後將孟子、大學、中庸再考量進來時，應當會有更全面的解釋及應用而廣度和深度。

目次 Contents

01

團隊管理

論語雍也篇

子貢曰：「己欲立而立人，己欲達而達人。」

| 語　　譯 | 子貢說：一個有仁德的人，自己能有所立足前，也要幫助別人，讓別人先可以有所立足，自己想要通達事理前，也要讓別人可以通達事理。 |

| 管理意涵 | 企業經營乃是要尋找可以共同合作，建立相同企業文化的工作團隊夥伴，才可以在面對內外環境多變的多元競爭下，創造自我特色，因此主管能力強，也要能帶動部屬及團隊能力有所提升，如此才能發揮整體戰鬥力，打出一個好的團隊戰。如果只是表現個人主義，讓英雄個人強出頭，這樣反而不一定能長久而永續經營。 |

| 管理類別 | 團隊效能的發揮 |

論語泰伯篇

子曰：「如有周公之才之美，使驕且吝，其餘不足觀也已。」

| 語　　譯 | 縱使有周公之才能及亮度，但卻相當驕傲而且吝嗇，其他方面也就不需要再觀察了。 |

| 管理意涵 | 在工作職場上之表現，就算能力再好，可是自己卻相當 |

驕傲自滿，看不起別人，而且也不夠大方、相當吝嗇地對待別人，久而久之是不容易找到好的員工及工作夥伴的，因為一則自己自滿、自私、自利，二則對別人也相當不大方，在這樣的狀況下，只能單打獨鬥，缺乏團隊作戰之精神，如此企業的未來發展是相當堪慮的，就一般公司及主管而言，也不會喜歡雇用這種人。

管理類別　團隊管理的重要性

論語憲問篇

子曰：「**不怨天，不尤人，下學而上達，知我者其天乎！**」

語　譯　不跟老天爺抱怨，不責怪別人，自己努力，下學人事，以上通至高之天理學習而獲致高深的知識，這樣能了解我的人，只有上天吧！

管理意涵　在經營管理運作過程，必然會碰到許多困難，但自己也不要一天到晚抱怨東，抱怨西，這樣是解決不了問題的，因為每一個人也都經常碰到同樣的狀況，但是有所為的人，就會想辦法謀求更多的知識來強化自己如何解決問題，這樣才是企業經營之根本。所以唯有不斷努力、創新，來滿足客戶的需求與提出區隔競爭對手的策略方法和優勢利基，如此才是在真正經營企業的人。

管理類別　建立解決問題的能力

02

目標管理

論語泰伯篇

曾子曰：「士不可以不弘毅，任重而道遠。仁以為己任，不亦重乎？死而後已，不亦遠乎？」

| 語　　譯 | 曾子說：知識份子不可以沒有寬宏大量的胸襟和堅定的毅力，因為要承擔重大的責任，而且行道之途還很遙遠，以推動執行仁德之心，作為自己的生活使命不是很重要嗎？這種做法一直要到死後，才可以歇止，這難道不是一條很長遠的道路嗎？ |

| 管理意涵 | 當一個企業的主管或上司要有一定氣量及胸襟，而且背負公司營運和目標都很大，因此要推動行道之心，但目前還有一些距離才可達成。在企業經營過程，以講究信用作為自己的座右銘以及畢生追求的目標，這種想法一直要等到死了以後，才可能終止，因此就會加以力行到底，不會猶豫不決。 |

| 管理類別 | 領導人特質，目標管理之建立 |

論語憲問篇

子曰：「上好禮，則民易使也。」

| 語　　譯 | 如果一個君主以禮來治理國家，則老百姓也很願意配合遵守。 |

管理意涵　公司經營要有一定的制度來加以運作，讓員工有所依循，該要獎勵的就依照規定制度來予以嘉許，該處罰的就依照一定規範來予以處罰，而不會因人設事，管理毫無原則，隨興而為，這樣才可以讓員工服氣，努力工作。切勿訂了目標，一旦員工達到目標，老闆就反悔，不守承諾，以後如何再帶領員工來衝業績呢！因此員工也是看公司制度來加以工作，但是如何建立好的工作管理規則，當老闆的人則要有所選擇評估，一旦決定公告，就要依循制度加以落實執行。

管理類別　目標管理之建立

03

人力資源管理

論語為政篇

子曰：「舉直錯諸枉，則民服；舉枉錯諸直，則民不服。」

語　譯　　提拔正直有德的人在小人上面當上司，則民眾可以服氣，如果將小人擺在正直有德的人上面當上司，則民眾不能信服。

管理意涵　公司經營要讓有德有為者當主管、上司，以影響及牽制小人之行徑，進而改變整體公司之經營文化，則所有員工才能服氣及繼續努力工作。如果讓小人得道盛行，而有道義、正義及有能力者反而被打壓在下面，則公司員工不但不會服氣，還會趨炎附勢，破壞整體公司文化，朝向腐敗貪瀆之境界邁進。

管理類別　人力資源管理

論語為政篇

季康子問：「使民敬忠以勸，如之何？」子曰：「臨之以莊則敬。孝慈則忠。舉善而教不能則勸」

語　譯　　要使老百姓具有恭敬、盡忠及互相鼓勵、勤勉為善，要如何才能做到呢？孔子說：你對老百姓的互動過程很莊重，他們就會對你很莊重，你會孝順父母，老百姓就會

跟著孝順父母，你會任用有能力及有作為的人來教化行為較為不好的人，則老百姓就會努力勤奮做事了。

管理意涵　公司負責人或主管如果對待員工的方式及態度很誠懇，也會尊重員工，員工就會用同樣的態度及心境來回饋給公司，亦即以人性化管理及相互尊重方式，也能相對改變公司經營效能。另外公司也能任用有作為及有能力的人當主管上司，進而帶領工作團隊成員提昇工作效能，則公司自然有所成長發展，員工能力也會有所改變及提昇，本身也願意更加勤奮努力工作。

管理類別　人力資源管理，員工對待及管理方式

論語為政篇

子曰：「視其所以，觀其所由，察其所安，人焉廋哉？人焉廋哉？」

語　　譯　要了解一個人的行事作為，可以仔細觀察這一個人為什麼要做這樣的事情，而且如何來作這些事情，而其心境所追求的目的又是如何？這樣一個人的內心如何藏得住呢？（三者為：動機、方法、目的）

管理意涵　公司企業的運作，要觀察一個人是否具有能力，以及未來是否適合當主管，或要安排何種職位，在平時就要用心努力觀察其做事的方式及態度，而且經由多次的測試及評估，一個人的本性就會顯露無遺，如此就能做為日

後評估晉升主管或委以重任的考量依據。

管理類別　人力資源管理，識人的能力，主管的拔擢方式

論語八佾篇

定公問：「君使臣，臣事君，如之何？」孔子對曰：「君使臣以禮，臣事君以忠。」

語　　譯　國君使喚臣子，臣子侍奉國君，要如何作呢？孔子回答說，國君應該按照一定禮節對待臣子，同樣地臣子也要忠心對待國君。

管理意涵　公司主管或負責人對待職員或屬下，應該依照一定的契約及薪酬福利制度來給予員工，不可以任意苛刻對待員工。同樣的，員工拿了應得的薪資，也要忠誠的對公司負責，不可以領錢卻在工作時打混摸魚，不事生產，如此才是合理的建立公司與員工之共同夥伴關係，勞資雙方才能齊心合力，共創公司業績及成長。

管理類別　人力資源管理，員工的管理方式

論語里仁篇

子曰：「唯仁者，能好人，能惡人。」

| 語　　譯 | 只有具備仁德操守的人，才能夠分辨好人與壞人，進而好惡分明，愛所當愛，惡所當惡。 |

| 管理意涵 | 一個具有仁德操守的主管及負責人，能夠有效地去辨別誰是可以任用的好人，誰是不懷好意的壞人，如此在公司企業才不會造成「劣幣驅逐良幣」的不當現象，而且讓有能力、有操守的人能夠在公司裡出頭，也才不會讓小人當道。 |

| 管理類別 | 人力資源管理，識人的能力 |

論語子罕篇

子曰：「後生可畏，焉知來者之不如今也。四十、五十而無聞焉，斯亦不足畏也已！」

| 語　　譯 | 孔子說：年輕人的未來發展是不可限量的，也是值得敬畏的，怎樣知道他未來會趕不上呢！而一個人如果到了四、五十歲，仍沒有一定成就，人生大概就是如此了。 |

| 管理意涵 | 未來的競爭是一個十倍速挑戰的時代，而年輕人有了創意和活力，對於未來的發展和表現是難以預測的，因此企業要增加年輕人的投入，以應付時代變化的考驗。另外一個人如果到了四、五十歲的表現仍然普普通通，沒有很好的成就和名聲，那到了未來，大概也是非常平淡無奇，不會有很好的發展。 |

| 管理類別 | 人力資源管理，人員的晉用及管理 |

論語泰伯篇
子曰：「狂而不直，侗而不愿，悾悾而不信，吾不知之矣。」

語　　譯	孔子說：一個人如果狂妄而不夠正直，幼稚而不老實，一點都沒有才能，而且也不講信用，碰到這種人還有甚麼可取的？

管理意涵	在企業經營管理過程，如果碰到過度狂妄、目中無人的人，而且行事作為相當幼稚而不穩重，更糟糕的是，一點才能都沒有，也都沒有良好的表現，而且還是沒有信用的人，不知道哪一個老闆或主管喜歡用他啊？就算講話很大聲，很敢臭屁，可是經由別人的測試，馬上就破功，不但沒有實力更是好行小道，這樣誰敢升他當主管呢？或是喜歡跟他共事呢？因此一個人在工作職場要有所沉穩，不要任意張牙舞爪，結果反而自曝其短，這是相當不智的一件事情。

管理類別	人力資源管理，如何善用人才，拔擢主管的方式

論語衛靈公篇
子曰：「巧言亂德；小不忍則亂大謀。」

| 語　　譯 | 孔子說：喜歡花言巧語的人會敗壞德行，對於小事不能忍受者，碰到大事情就容易失了方寸。 |

| 管理意涵 | 講話喜歡花言巧語的人，對於德性也不會太遵守，甚至經常會做出不符道德之情事，而這種人也不值得信賴，同樣地對於一些小事情都無法平心靜氣地去面對的人，一旦要處理更大的事情就會慌亂無措，不知如何有效處理，因此平時在跟員工及同事相處時，就要仔細觀察其行徑，如此才知道如何用人。 |

| 管理類別 | 人力資源管理，識人的能力，如何做好工作的分派 |

論語衛靈公篇
子曰：「躬自厚，而薄責於人，則遠怨矣？」

| 語　　譯 | 孔子說：人如果經常會自我苛責及反省，而較少苛責別人，這個人應該很少有人會對他抱怨。 |

| 管理意涵 | 在管理原則上，身為主管經常會自我反省，對自己較嚴格要求，而且對屬下或同事較為寬厚的人，其人緣會較好，在管理效能上較能獲得別人的認同及支持，而且別人對其抱怨度會相對較少。 |

| 管理類別 | 人力資源管理，員工管理方式 |

論語季氏篇

子曰：「益者三友，損者三友：友直，友諒，友多聞，益矣；友便辟，友善柔，友便佞，損矣。」

語　譯　孔子說：對自己有益處的朋友有三種，對自己有害處的朋友也有三種，結交正直友善的朋友、誠信有道義的朋友、知識廣博的朋友，這對人是有幫助的；而結交諂媚不實在的人，結交善於表面奉承而在背後講壞話的人，結交花言巧語的人，這對人是有壞處的。

管理意涵　在人生的職場上，如何找到對的員工及朋友是經營人脈與識人的一種重要過程，所謂對的員工就是做事實在、講誠信、有一定專業能力的人，對於人的一生是有具體幫助的；而如果喜歡結交奉承、講諂媚話的人，則未來許多事務將會有陽奉陰違的面對，這對於一個有志於求道的人是相當不好的，而且在商場上愈能找到有誠信的人，要做生意也會較為順暢而不會走冤枉路。

管理類別　人力資源管理，如何找到好人才

論語里仁篇

子曰：「人之過也，各於其黨。觀過，斯知仁矣。」

語　譯　孔子說：每人犯的過錯，因狀況不同而有不同類型，只

要觀察一個人犯錯的類型，就知道他是屬於哪一種人了。

管理意涵　每一個人有不同的本性，如何有效識人、觀察人，就是一個很重要的學習過程，包括他會犯的過錯也能適時推斷人的個性，進而決定一個人是否可以值得栽培或提拔至不同部門擔任主管，這是在公司經營管理上很重要的功課，因此如何讓每一個人的能力可以有效發揮，同樣地也要防範員工犯錯對公司可能造成的傷害或損失，這是需要時間去學習磨鍊的。

管理類別　人力資源管理，如何拔擢主管的方式

十二

論語公冶長篇
子曰：「老者安之，朋友信之，少者懷之。」

語　　譯　孔子說：我希望老年人能夠安心樂活，朋友間可以互相信任，年輕人可以得到關懷。

管理意涵　在政府治理過程，讓年老的人可以安心過活，不用擔心其衣、食、住、行，可以自由自在地生活。而在社會運作過程中，彼此可以講信用，建立一個公義禮智的社會體制，不會為了錢財而詐騙朋友，造成糾紛不斷，同樣地讓年輕人可以有較好的未來發展，出來工作也能獲致很好的諮詢建議，讓社會每一個人皆有其面對的良善管理面，如此社會的發展也才能較為坦蕩而自在。

論語學而篇
子曰：「巧言令色，鮮矣仁！」

語　　譯　滿口花言巧語，表面裝出和顏悅色的人，這種人的道德心是很少的。

管理意涵　公司經營不要只聽諂媚說好聽的話，這樣自己很容易陷入自我滿足，自以為是，而不知危機將至，因此要存有自我防範因應之心。而這種雙面臉的人，表面很和氣，事實上都是笑裡藏刀，要挖陷阱讓不知情的人跳下去。

管理類別　人力資源管理

論語子路篇
子曰：「以不教民戰，是謂棄之。」

語　　譯　孔子說：運用沒有教導過的民眾去戰鬥，就好像是要放棄他們一般。

管理意涵　對於員工或部屬要求跟外面競爭對手相抗衡，可是卻沒有良好的教導或培訓來提昇其能力，這是不能跟外面競

爭對手相互挑戰的，而且很容易被打敗，無法成其事。
所謂「工欲善其事，必先利其器」，唯有先培育實力，
才有機會去跟外面對手相互競爭。

管理類別　員工培訓的價值及作用

論語公治長篇

子貢曰：「我不欲人之加諸我也；吾亦欲無加諸人。」子
曰：「賜也！非爾所及也！」

語　　譯　子貢說：「我不喜歡別人加之在我身上的事，我也不會
加之在別人身上」。孔子說：「子貢啊！這不是你能做
得到。」

管理意涵　對於管理員工或對部屬管理，自己不太喜歡被過度或不
合理要求的事，也不能強加在員工的身上，因為「人同
此心、心同此理」，一定會在心理上感覺不舒服，也會
造成一些工作反彈，因此管理上的推動作法要先問自
己，自己能接受的才對員工有所要求，否則員工都是感
覺心不甘，情不願的事，這樣是不能發揮管理效能的。

管理類別　管理心法，員工的管理模式

筆記欄

04

行銷管理

論語學而篇
子曰：「不患人之不己知，患不知人也。」

| 語　　譯 | 不要擔心憂慮別人不了解自己，而是要想想自己是否了解別人。 |

| 管理意涵 | 管理公司不要想著別人都不了解自己的個性及想法而有所抱怨，而是要想著自己有無體會別人的心境及看法，進而提出比較合宜的管理作法，包括對待員工及顧客皆是如此。而在銷售公司產品或服務，本來就要以顧客需求為導向，而不是要求顧客來配合公司，如此才能掌握顧客消費習性，提出對應的產品或服務來提昇具體業績。 |

| 管理類別 | 行銷管理，消費者行為分析 |

論語述而篇
子釣而不網，弋不射宿。

| 語　　譯 | 孔子釣魚而不換網捕魚，射鳥但不射掉在鳥巢的鳥（意謂：勿殺雞取卵。亦可引申為：君子愛財，取之有道。） |

| 管理意涵 | 經營服務顧客不能全面通吃，而不留餘地，如果只賺一 |

次錢就不管以後如何，則企業不會長久發展，因此要留下後路及退路。對於顧客消費也不是一次將其錢財榨乾，而讓他完全沒錢，這樣就沒有下次再買公司產品或服務的機會，如同在捕魚時，不能連小魚也抓了，如果小魚沒有機會長成大魚，則以後也不能抓到魚了。

管理類別　行銷管理，產品銷售策略

論語子罕篇
子曰：「歲寒，然後知松柏之後凋也。」

語　譯　孔子說：「天氣要到寒冷季節，才知道松柏樹是最後凋落的。」

管理意涵　商場經營有一定運作循環道理，因此要能充分作好商業經營特性調查分析，以作好相關因應準備，如此才能規劃設計出符合顧客需求及當地運作特性之商品及服務，進而站穩一定利基點去好好經營。

管理類別　行銷管理，消費者特性分析

筆記欄

05

員工管理教育
及自我管理

論語為政篇
子貢問君子。子曰:「先行,其言而後從之。」

語　　譯	子貢問怎樣才算是一個君子,孔子回答說,先把自己講的話先實現,而後才說出來。(簡單地說:凡事先做再說,切勿說了不做)
管理意涵	在管理行為模式中,有些人講的口若懸河,可是從來都沒有認真地去執行,光說不做,這是沒用的,所以除了講而言,還要能起而行,自己有去完成實踐過,才希望依循這樣方法去執行,這樣也才能讓人心服口服。
管理類別	員工做事的態度及方式

論語述而篇
子曰:「德之不修,學之不講,聞又不能從,不善不能改,是吾憂也。」

語　　譯	孔子說:品德不能好好修持,不講求學問,聽到又不能身體力行,有了過錯也不修改,這是我相當憂慮的所在。
管理意涵	一個公司企業特性,如果不講究道德信用,也不會追求新知,而聽到新的應用知識和技能,自己也不會身體力

行去調整經營策略，有了過錯也不會立即修正，這家公司是令人感到相當堪慮的。

管理類別 學習型組織之建構

論語子罕篇
子曰：「知者不惑，仁者不憂，勇者不懼。」

語　　譯　有知識（智慧）的人不容易受到外在的誘惑而迷失自我，有仁德的人不會有大的憂慮，有勇氣的人，不會擔心畏懼任何事。

管理意涵　在企業運作管理過程中，要培養一定的專業知識，才能解答困惑，而具有誠信道德的人，不會感到憂愁，有勇氣精神的人，不會擔心做事的後果，因此要能有勇氣、有專業、有誠信去作一些該做的事。

管理類別　自我學習及管理

論語泰伯篇
子曰：「學如不及，猶恐失之。」

語　　譯　學習知識及技能要有怕來不及的心境，而且學完了要時

時懷抱很怕又再失去的心態。

管理意涵　一山還有一山高，知識無涯，學習無限，因此要以認真學習的心情去擴展自己的專業知識及技能，而且要擔心怕來不及趕不上別人的能力及知識，因此在工作職場要保持精益求精的態度，唯有自己不斷學習，才能跟別人一較長短，否則也是等著被別人淘汰。

管理類別　自我成長及學習

論語述而篇
子曰：「我非生而知之者，好古，敏以求之者也。」

語　　譯　孔子說：我不是天生就相當有知識的人，而是追求古代書籍內容，很勤奮靈敏地去拜託別人來告知。

管理意涵　很多管理知能及技能之累積，都是經由不同人多次建議及告知，以及自己努力學習才能得到真正專業知識的，而且自己也要經常地翻閱古文書籍，以了解當地的文史背景，必要時去尋求當地耆老告知，而且自己也要相當努力勤奮才能有所了解。

管理類別　學習的重要性，求知的精神

論語述而篇

子曰：「三人行，必有我師焉，擇其善者而從之，其不善者而改之。」

| 語　　譯 | 三個人在一起走路時，一定有一個人可以當我的老師，很多人一起做事時，一定有可以讓我效法的地方，我可以選擇其中較好的人來跟隨及學習，而碰到不好的人就自我改正過來。 |

| 管理意涵 | 在企業經營過程中，一定有碰到不同形形色色的人群，但是經由自己的判斷，在員工及公司間一定有些人的表現是較佳的，也可以成為精神標竿及學習對象，同樣的一定有人表現較差的，則自己就要深以為戒，不要重蹈覆轍，要能在失敗中學習，或依循著別人成功的步伐邁進。 |

| 管理類別 | 管理教育，學習做事及做人的方式 |

論語衛靈公篇

子曰：「君子貞而不諒。」

| 語　　譯 | 君子本身要有堅貞及堂堂正正的性格，但不要執著固執。 |

| 管理意涵 | 一個公司主管或負責人，可以有鋼鐵般的意志力，但也要察納雅言，不要過度固執，聽不進去別人的勸諫，而做了錯誤的決定。因此主管能力的培養，一方面要有執行力，一方面也要有學習力，如何明辨是非，也是相當重要的自我修練過程。 |

| 管理類別 | 主管的特質建立，主管自我管理 |

論語憲問篇
子曰：「貧而無怨，難；富而無驕，易。」

| 語　　譯 | 在貧窮時候沒有抱怨覺得生活很艱苦比較難；在富有的時候沒有驕縱是比較容易。 |

| 管理意涵 | 一個人要安貧樂道很難，因為是人性的弱點，一旦人是處在貧困之際，總會喜歡怨天怨地，尋找一些理由而自我安慰，但這也是在考驗一個人，愈能吃得苦中苦，方為人上人。許多成功的企業者也經常是從困苦中慢慢發跡而成功，想要一蹴可幾者少。然而一旦功成名就者，愈能懂得謙卑的人，愈能得到別人的尊敬，但是其實做起來並不會太困難，只要自己有所注意，就可以做的到。 |

| 管理類別 | 自我管理 |

論語衛靈公篇
子曰：「有教無類。」

語　　譯　孔子說：對於教育學生是不分任何類別的。

管理意涵　對於公司經營管理過程，在教育培訓員工這一塊是不分彼此的，一視同仁的，因為經由工作培訓的投入，如果能提升每個人的能力和實力，這對於團隊戰力的養成是具有高度能量的，而且每一個員工也能分享一些重要的知識及技能，對個人的成長也可以有很好的提昇。

管理類別　員工管理教育的功能及價值

論語陽貨篇
子曰：「惟上智與下愚不移。」

語　　譯　只有最上等智慧與下等愚笨的人不容易改變。

管理意涵　許多人生的智慧是不斷累積經驗與培養能力而來的，如果不斷學習而有了大智慧，則碰到問題都知道如何處理，反之如果是一個愚笨而不願學習的人，就只能永遠停留在那一個狀態，不能調整改變自我的行為，反而容易讓人看不起了。

管理類別　員工自我管理及能力培養

十一

論語子張篇

子夏曰:「日知其所亡,月無忘其所能,可謂好學也
矣。」

| 語　　　譯 | 子夏說:每天學習自己所不知道的事情,每月沒有忘記自己所會的事務,這樣可以說是很好學的了。 |

| 管理意涵 | 終身學習,不斷練習,乃是自我成長的重要心法,尤其在面對多元挑戰與講究創新的年代更有其必要性,切勿忘了危機意識而沒有自我要求進步,這樣很容易被環境淘汰,舉例如亞洲餐飲著名的鼎泰豐餐飲集團,也採用PDA點菜,同時國際行銷作法也不斷翻新,其目的就在吸收新知,以建立面對外在競爭對手的挑戰及消費者喜新厭舊的因應策略。 |

| 管理類別 | 終身學習,危機管理 |

十二

論語衛靈公篇

子曰:「君子求諸己;小人求諸人。」

| 語　　　譯 | 孔子說:作為一個君子,往往都是自我要求,而小人則是嚴格要求別人。 |

| 管理意涵 | 在公司企業工作,自己要能以身作則,讓人能夠心悅誠 |

服，而不是對待自己很寬鬆，對別人要求卻相當嚴格，久而久之，別人心裡一定不舒服，也會產生諸多抱怨，如果團隊要一起合作，也會相當不容易，而且也不願意聽從你的領導和指揮以及相互合作。

管理類別 自我管理及成長的重要性

論語衛靈公篇
子曰：「眾惡之，必察焉；眾好之，必察焉。」

語　譯 孔子說：眾人都討厭的人，一定要好好觀察他；眾人都喜歡的人，也一定要好好觀察他。

管理意涵 在公司企業工作，對於一個大家都不喜歡跟他相處而討厭的人，要注意他的行徑是有哪些地方是值得我們需要借鏡之處，同樣地一個人都能得到眾人的認同及喜歡，也要了解他的言語和行為有那些是需要我們好好效法的。

管理類別 識人的能力

論語述而篇
子曰：「默而識之，學而不厭，誨人不倦：何有於我哉？」

| 語　　譯 | 孔子說：把所學習到的知識將它默默地記下來，不斷學習也不覺得厭煩，教導別人也不會感到厭倦，除了這些，對我來說，其他還有甚麼好追求的呢？ |

| 管理意涵 | 一個人在工作職場上要能不斷的學習知識並將它熟記，而且在適當機會予以活用，另外也要持續不斷練習這些知識技能，讓它熟能生巧，此外也要將這些良好的知識和技能，能夠讓公司同仁有所具備，以提升團隊工作效能，而不是藏起來不教導別人，如果每個員工能力都很好，這樣公司才能不斷壯大，也能變的更有競爭力，這是一個領導者最要積極推動的事情。 |

| 管理類別 | 領導的方式，員工自我管理及生涯規劃 |

論語衛靈公篇
子曰：「工欲善其事，必先利其器。」

| 語　　譯 | 孔子說：工匠如果要做好工作，一定要先把工作所需的器具準備好。 |

| 管理意涵 | 企業要做好經營管理工作，一定要把管理技能先建立好，沒有完善的工作制度，如何培養有效能的主管，如同要做好行銷工作，就要把消費者特性分析做好，才能擬定良好的市場區隔作法及行銷策略方案，如此發揮的效果才能達到最佳狀態，否則如同瞎子摸象，按照土法煉鋼，就會耗費許多冤枉錢，現今社會大數據分析就是 |

一個很好的學習改善方式。

管理類別 管理技能方法之掌握及應用

論語季氏篇
子曰：「**君子有三戒：少之時，血氣未定，戒之在色；及其壯也，血氣方剛，戒之在鬥；及其老也，血氣既衰，戒之在得。**」

語　　譯　孔子說：當一個君子有三個自我要求的戒律，年少時，血氣未完整成熟，要戒好女色，到了壯年，血氣正好飽滿，要戒好鬥成性，等到老了，血氣已漸衰敗，就要戒掉貪婪。

管理意涵　隨著人的成長發展，不同階段都有需要自我克制的事項存在，在年少之際，不要因為美色的誘惑就迷失自己，在壯年時期，不要好鬥就喜歡跟別人一較長短，什麼事情都要當老大，等到年齡老成，就要減少貪婪之心，否則一輩子的名聲就會毀於一旦，如同在公司或企業管理過程中，如何減少錯誤的判斷，不要因外在因素而被迷惘，為了打敗別人讓自己強出頭，就不斷設計別人，為了貪圖不法所得，而就起了貪念，而犯了法被起訴，這是多麼得不償失的行為。

管理類別　自我管理、生涯規劃

論語里仁篇

子曰：「**不患無位，患所以立。不患莫己知，求為可知也。**」

語　　譯	不用擔心沒有合適職位，應該要想想自己有沒有才能較重要，不要擔心別人不了解自己的才能，應該是謀求如何讓別人了解自己才對。

管理意涵	投入工作職場，最應該想想自己的能力是否足堪大任，而不是想為何主管都不把好的職位給我，而且才能的展現要能適時地呈現，讓別人可以有所賞識，而不要一天到晚抱怨別人都不知道自己的能力所在，因此在企業工作，除了自己要不斷提升自我的能力外，也要在適當機會讓老闆可以看到自己的能力及好的表現，該要隱藏時就隱藏，不該隱藏時就要作最好的表現。

管理類別	自我管理及生涯規劃

論語子張篇

子曰：「**君子之道，孰先傳焉？孰後倦焉？譬諸草木，區以別矣。君子之道，焉可誣也？有始有卒者，其惟聖人乎！**」

語　　譯	君子之道要先傳授那一項呢？最後傳授的又是那一項

呢？就好比草跟木，要如何作好區別啊！所以君子之道不能隨便加以誣衊扭曲！有始有終的人就是聖人啊！

<table>
<tr><td>管理意涵</td><td>對於個人修身立業所堅持的準則沒有大小之別，都是要加以遵守的，所謂誠信和道德誰先誰後呢？其實都是差不多的，沒有先後次序，都是在管理企業之重要立事、立業根本，而且只有小人才會加以區別，要先遵行那一個準則，給自己下台階找藉口，這是不對的，所以皆要認真地自我約束，努力以赴，才是自我管理首要之務。</td></tr>
</table>

管理類別　自我管理

論語子張篇
子曰：「不在其位，不謀其政。」

語　　譯　孔子說：自己不在那個位子上，就不需要參與他的政事決策。

管理意涵　每一個人在各自的崗位上要各司其職，每一個事情也有各自分層負責，因此不要任意越權，一旦逾越自己的分際，說了不該說的話，做了不該做的事，這時候的表現反而會讓人覺得不得體，因此身在公司工作的員工或主管，每一個人應該認真扮演自己的角色，有機會該輪到你說的時候，該力求表現時才做，否則有時候會適得其反，並且讓人看不起。

管理類別　自我管理，員工工作的方式

二十

論語先進篇

季康子問政於孔子。孔子對曰：「政者，正也。子帥以正，孰敢不正？」

語　譯　季康子跟孔子請教如何治理政事，孔子回答說：政事就是行事要正，如果身為一國之君，行事很端正，那誰敢不端正啊！

管理意涵　所謂上樑不正、下樑歪，身為一個公司主管或上司，本身的行事作為，底下的部屬或員工大家都在看，因此自己要能潔身自愛，行事端正才能服眾，如果自己沒有原則、胡作非為，則底下的人自然也就跟著胡搞瞎搞了，如此公司的企業文化就會散漫而無序了。

管理類別　主管的行為及自我管理

二一

論語里仁篇

子曰：「君子欲訥於言，而敏於行。」

語　譯　君子說話應該謹慎小心，不要任意發言，做事也要勤快敏捷。

管理意涵　一個人講話應該要慎重，不可任意妄言，信口開河，如果別人信以為真而去做，結果都跟預期有很大的落差，

則別人的評價就會打了很大的折扣。另外在做事的方式上要能夠有效率去完成,不要拖延,有時會讓人覺得不用心、不積極,而且主管或老闆也不會想要重用。

管理類別　自我管理,說話的藝術,做事的態度

論語衛靈公篇
子曰:「羣居終日,言不及義,好行小慧,難矣哉!」

語　譯　孔子說:整天在一起生活,可是談話的內容都缺乏仁義,而且喜歡賣弄小聰明,這就很困難可以自我提昇了。

管理意涵　所謂近朱者赤、近墨者黑,如果一天到晚混在一起,相處在一起的工作夥伴,談話都沒有什麼內容及深度,則自己的能力及學識要成長的機會就很難了,久而久之,自己也會很墮落,愈來愈不進入狀況,在工作職場上就很快會被淘汰掉了。

管理類別　自我管理

筆記欄

06

領導及管理創新思維

論語為政篇
子曰：「溫故而知新，可以為師矣！」

語　　譯　能夠從以往的學習知識過程，不斷揣摩思考而有了新的體會及了解，這樣就可以當別人的老師了。

管理意涵　知識是要能活用及積極創新，如果自己能用心努力的落實，而且有了新的認知及體驗，就可以把這種知能教導給別人，就如同自己也能創新其內涵而加以落實，以提昇企業經營的效能一樣。

管理類別　管理的創新思維

論語八佾篇
子曰：「居上不寬，為禮不敬，臨喪不哀，吾何以觀之哉？」

語　　譯　位居高位者對待屬下不寬容，對禮儀、制度也不崇敬，在面臨喪事也沒有悲傷的情緒，這種人我怎麼看得下去。

管理意涵　做為一個公司的高級主管，對待屬下不是一味地嚴厲要求，而且從不寬容地作彼此互動，對於基本行為禮儀自己也不遵守，也經常破壞體制，在面對極度悲哀的事

情，也沒有憐憫之心，這種人在公司應該是相當不受人歡迎的主管，也很少有員工願意主動親近，因為相當缺乏人性化管理及合理化制度，所以不容易找到好的工作夥伴，一起來共同努力打拼。

管理類別　領導的特質，主管型態

論語子罕篇
子在川上，曰：「逝者如斯夫！不舍晝夜。」

語　　譯　孔子在河邊感嘆說：「時光流逝，就像河流一樣，日夜不停地在流動。」

管理意涵　如果企業沒有創新，公司日復一日，隨著時間的流逝，很快地企業很容易就被淘汰，因此企業不能故步自封，沒有自我調整及成長，就不能快速回應人、事、時、地、物的變化，而自我改變。

管理類別　企業創新，變革管理

論語述而篇
子曰：「不憤，不啟；不悱，不發。舉一隅不以三隅返，則不復也。」

語　　譯	教導一個人如果沒有到達他還沒毅然下定決心時，就暫且還不要啟發他，不到達他想說卻又說不出來的情境時，就不要引導他，例如舉出一個想法，而不能推導出另外三個想法，那也就不需要再教他了！
管理意涵	員工的培養訓練並非要全部教導才能讓員工完全了解，才知道如何去運作，有時候也要善用啟發方式，讓員工願意用思考的方式去認真地想，如此才能激發他的潛能及智慧，否則只是一般普通的人，而不能有好的成就呢！因此當人學會舉一反三，觸類旁通後，其表現的能力就變得更不可限量了。
管理類別	啟發式管理，潛能開發

論語鄉黨篇

子曰：「食不語，寢不言。」

語　　譯	吃飯時不講話，睡覺時就不說話。
管理意涵	在從事任何一個工作程序時，要能專心而不要受到打擾就很容易分心，而沒有把事情做好，亦即專心才有成效，分心做事很容易把事情搞不好，進而功虧一簣，因此在企業經營上要能專心一致，切勿左思右想而一事無成。
管理類別	專業化管理，標準化管理

論語述而篇

子曰：「富而可求也，雖執鞭之士，吾亦為之；如不可求，從吾所好。」

語　　譯	如果一個人的財富可以謀求的話，就是當馬車之車夫，我也願意去落實執行，如果不能滿足願望，那就配合我的意思辦理。
管理意涵	短暫的富貴是可以謀求的方向，但是要能合理追求，如此才不會引起別人的反彈而陷入困境，同樣地經營企業不能過度短視近利，好高騖遠，要能訂定一些目標作為自己的奉行圭臬，如此才能永續發展。
管理類別	策略管理與永續發展

論語子路篇

子曰：「其身正，不令而行；其身不正，雖令不從。」

語　　譯	孔子說：統治者自己行為要以身作則，就算不用命令，百姓也會跟隨著做，如果自己行為不端正，就算用強制命令，老百姓也不會服從。
管理意涵	在管理公司過程，如何給予員工有一個正確的依循準則是相當重要的，所謂「上樑不正、下樑歪」，自己公司

主管或上司沒有遵守公司的管理規則，如何要求公司員工要跟著做，因此主管或公司的以身作則是重要的關鍵，切莫輕忽，因為員工都在看，都在學，唯有自身恪遵規則，我們才可以要求員工一起來共同遵守。

管理類別　領導人的特質

論語先進篇
子貢問友。子曰：「**忠告而善道之，不可則止，毋自辱焉。**」

語　　譯　　子貢詢問如何交友。孔子說：對朋友要發揮忠告之心，並存有善念來開導他，他如果聽不進去，就不用講了，不用自取其辱。

管理意涵　在商場上交朋友要能秉持一些原則，對於朋友的不良習慣要適時提醒，並心存善念的來開導他，而不是離他而去，使其自生自滅。當然有些人聽不進去別人的規勸，因此只能自己有體驗責任就夠了，不用過度要求朋友勉強遵守，否則會覺得幫倒忙，讓人覺得不舒服。

管理類別　人際關係互動及管理

論語里仁篇

子曰：「里仁為美，擇不處仁，焉得知？」

語　　譯　　孔子說：人如果能跟有仁義道德的人做鄰居是很好的，如果選擇居住處，而不會找有仁德的人作鄰居，怎能算是個有智慧的人呢？而如果住在不執行仁義道德的地方，這樣是很不智的。

管理意涵　　良禽擇木而居，一個人選擇那一個企業工作，乃是希望跟有誠信行事、有原則的同事及主管一起共事，如果周遭都是貪婪之徒，存心詐騙而沒有誠信經營，為了賺錢採用不擇手段的員工及老闆，這種公司如何待的下去呢？這種公司企業如何可以招到好的員工呢？而且有良好品性及仁義之人也不會想要來這種公司上班。

管理類別　　如何塑造好的主管形象

論語顏淵篇

仲弓問仁。子曰：「出門如見大賓，使民如承大祭。己所不欲，勿施於人。在邦無怨，在家無怨。」

語　　譯　　仲弓詢問何謂仁。孔子說：出外工作就好像見到重要的貴賓一樣恭敬，管理老百姓做事，就好像在祭祀一樣慎重，自己不想要做的，也不要加諸在別人身上，這樣在

社會上較無怨言，在家裡也較不會有抱怨。

管理意涵　一個人在工作職場上的行事作為及對待顧客都要以真誠
的服務心態，而對待或管理員工，也能以合宜的態度相
互要求，如此較能獲得別人的肯定與尊重。因為自己不
想要面對的服務行為及態度，員工不喜歡的領導模式，
就不要任意施加在別人身上，這樣在社會及家裡的互動
也會較為合宜，也可以減少許多無謂的衝突。

管理類別　服務的心態及管理心法

論語子張篇
子夏曰：「百工居肆以成其事，君子學以致其道。」

語　譯　子夏說：各種工匠在他們的工作職場來完成他們的工
作，君子只有不斷學習才能達到他所謀求的道。

管理意涵　每一個人都有各自的工作崗位要各司其職，而非任意跳
過、不遵守基本的規範來行事，同樣地要達到每一個人
追求的目標，也要循序漸進，一步一腳印地不斷努力、
自我充實具備應有能力，並有很好的表現才有機會達成
目標，絕對不是好高騖遠、走捷徑就可以達到的。

管理類別　工作管理的重要性

十二

論語子張篇

子夏曰：「君子有三變：望之儼然，即之也溫，聽其言也厲。」

語　　譯	子夏說道：君子面目有三種變化，看上去非常莊重嚴厲，接近他則溫柔敦厚，聽他講的話則是相當嚴厲。

管理意涵	一個人要得到別人對他的尊敬，在行為上要相當自我約束，並有道德感，讓人望而生敬，但在實際跟他相處及接觸後又是相當溫和而善良，也願意循循善誘教導後輩，讓人不得不發自內心的尊敬及認同，如同公司的主管，也要維持一定尊嚴，但對後輩的提攜則是不遺餘力，也願意傾囊相授使後輩有所成長，如此才能形成一種良好的工作夥伴關係，也可以在共同的目標下去努力達成企業的使命，如此部屬也可以心悅臣服接受主管的領導及指揮。

管理類別	領導的藝術，如何當一位好主管

十三

論語子路篇

子路問政。子曰：「先之、勞之。」請益。曰：「無倦。」

| 語　　譯 | 子路詢問如何從政。孔子說：自己先去做，去體驗勞苦之過程。子路再請孔子說明白一點。孔子說：不要倦怠。 |

| 管理意涵 | 在從事企業經營管理的過程中，自己要先有所體驗了解其執行方法所可能面對的困難和挑戰，如此才具有經營實務以及知道如何做好調整，也才能讓員工執行的更好，而且要持續不斷的實踐，才有更好的實務回饋，管理效能也才能發揮，而且在作事情時，自己也要經常擔任第一線工作，如此講話才更具有說服力，而非紙上談兵，光說不練。 |

| 管理類別 | 體驗管理，言行合一 |

07

自我及人際關係管理

論語里仁篇
子曰：「苟志於仁矣，無惡也。」

語 譯	如果能夠以自我誠心而有志於推動仁德，就不會做壞事了。
管理意涵	如果自己在行事作為上能夠專注於仁義道德之遵守，則自己就較不容易受到外界的誘惑，而作出不利於自己公司的行為，因此公司企業文化要以仁德作為圭臬，也可以達到教化員工之實質功效。
管理類別	員工自我管理，公司信譽之建立

論語述而篇
子曰：「飯疏食飲水，曲肱而枕之，樂亦在其中矣。不義而富且貴，於我如浮雲。」

語 譯	每天粗茶淡飯，把胳膊當枕頭來睡，快樂就在其中呢！做了不公不義的事來獲得財富和地位，對人而言，就好像天上的浮雲一樣，沒有什麼意義。
管理意涵	公司在初期經營跟工作夥伴大家一起共同努力打拼，就算吃的粗茶淡飯，沒有睡在舒適的床上，大夥兒以工廠為家的精神，反而大家都很快樂的一起工作，如果為了

賺錢作了違反道德規範的事情，對企業發展而言是沒有意義的，而且也會讓人看不起，因此對公司經營負責人可以當作一種遵循的圭臬。

管理類別　人際關係互動及管理

論語里仁篇
子曰：「德不孤，必有鄰。」

語　　譯　有道德的人一定不會孤單，因為一定有志同道合的人可以相互作伴。

管理意涵　有道德仁義的人不要擔心沒有志同道合的人，不可能天下烏鴉一般黑，完全沒有相同意志的人，否則企業或政府治理就會一團亂，不僅消費者或顧客不相信企業提供的生產或服務，而企業經營之間也是爾虞我詐，毫無信用可言。因此在從事管理或經營之際，要能心存道德之心，如同爆發毒澱粉以及頂新集團事件，消費者馬上就沒有信心購買一樣。

管理類別　人際關係的互動方式

論語述而篇

子曰：「子與人歌而善，必使反之，而後和之。」

語　　譯	孔子和別人一起唱歌，如果別人唱得很好，一定讓人家再重唱一次，然後再跟著和其聲而齊唱。

| 管理意涵 | 在工作職場上，碰到同事有好的表現時，一定積極讚美他，不要心懷忌妒，不要搶了他的風采或故意不服輸，如此在工作場合較不會有好的人緣，也不容易跟別人共同合作，發揮良好的團隊效能。 |

| 管理類別 | 人際關係管理及互動 |

論語子罕篇

子曰：「可與共學，未可與適道；可與適道，未可與立；可與立，未可與權。」

語　　譯	可以在一起共同學習的人，未必能一同取得成果；可以一同取得成果的人，未必可以一起有所發展立足；可以有共同發展立足的人，未必可以一起共同享受權勢。

| 管理意涵 | 在商場上工作，可以看到一起共患難的人，但不一定能一起享受成功的果實，因為人性會改變，而受了同樣的培訓，獲得相同的知識，可是後續的體驗和活用方式不 |

同，個人的造化也不相同。因此在企業取得很大的成就之後，也是對人性的一大考驗，人性的貪婪也在改變企業的永續契機，對於經營企業而言不可不慎。

管理類別　人性的考驗及管理

論語子罕篇
子曰：「譬如為山，未成一簣；止，吾止也！譬如平地，雖覆一簣；進，吾往也！」

語　　譯　譬如堆一座山，剛好就差一簣（畚箕）可以就完成，就不停止了，這是我自己想停止的；譬如用土填平地，雖然只是倒了一筐土，但是自己還是要再堅持下去。

管理意涵　在公司企業做事情不可能善盡善美，譬如有一個新案，可以由大家共同決定要分配給誰，不能由自己私相授受；而在公司經營推動原則上，該要堅持的工作，要能持續到底，如此才能有永續長遠的績效可以顯現出來。

管理類別　堅持原則的重要性

論語憲問篇
子路問事君。子曰：「勿欺也；而犯之。」

| 語　　譯 | 子路詢問如何侍奉君上跟君主共事。孔子說：不要欺騙君主，但可以觸犯龍顏規勸他。 |

| 管理意涵 | 員工面對老闆的方式，不是一昧唯唯諾諾討好他，甚至欺上瞞下，讓真正經營狀況被掩蓋住，而不敢講出實情而觸犯龍顏。而一位真正好的員工仍要提出公司對的建言，就算讓老闆有點不悅，也不能不講出真心話，如此才能讓企業有持續的改善動能，當然老闆如果自以為是，不願意聽從規勸的話，一意孤行那也不是員工的錯。 |

| 管理類別 | 員工面對老闆說話的藝術，老闆及主管的容人能力 |

論語憲問篇
子曰：「君子恥其言而過其行。」

| 語　　譯 | 君子以誇口說大話，卻無一能做得完善的事情作為恥辱。 |

| 管理意涵 | 對於公司管理要推動相關事務，不要光說不做，沒有實戰經驗而空口說白話，這樣久而久之會讓人看不起，因此要培養員工經營實務與第一線執行的能力與經驗，而且還可以邊做邊修正，如此才會得到別人的敬重與認同，因為唯有言行合一才是真本事。 |

| 管理類別 | 力行實踐的能力建立 |

論語憲問篇

子貢方人。子曰:「賜也,賢乎哉?夫我則不暇。」

語　　譯	子貢經常對別人有所批判。孔子說:賜啊!難道你就比別人做的優秀嘛?像我就沒有閒功夫去講別人。
管理意涵	人性的弱點是講別人容易,自己去做其實也差不多,而一個有作為的人是要不斷充實自我,建立競爭和實用技能,而不是一天到晚去評論別人,講別人不是,到頭來換成自己去處理,一樣亂七八糟,這樣是沒有資格講別人的,所以與其浪費時間去批評別人,不如自己加強增進自己的實力較為有用。而公司企業也要抑制這種企業文化的盛行,否則如此會造成「劣幣驅逐良幣」的不當現象。
管理類別	自我實力的建立及養成,培養工作技能

論語衛靈公篇

子曰:「吾嘗終日不食,終夜不寢,以思;無益,不如學也。」

語　　譯	我曾經整天不吃飯,晚上也不睡覺,只是一直在思考,可是卻什麼也沒有得到,這樣一點也比不上好好去學習來得好。

人不能過度好高騖遠，光會思考卻不會實踐執行，一樣是空無一物，沒有實力的人。因此人仍然需要腳踏實地去學習，才有真正的收穫，同樣地在工作職場也要實實在在做事，培養自己的實力和能力以及實務經驗，如此才能一步一腳印往上爬，而且太多思考，有時會無法聚焦，莫衷一是，反而造成不良效果。

管理類別　要有行動力，知行合一

論語憲問篇
子曰：「不逆詐，不臆不信；抑亦先覺者，是賢乎？」

語　譯　孔子說：不要隨便猜測別人欺騙自己，不要揣測別人不誠信，如果自己夠聰明的話，是能夠事先察覺出來的，這才是一個賢能的人。

管理意涵　一個有能力的人，可以很容易就了解別人在欺騙自己或是沒有信用，而不是一天到晚都在猜忌別人，認為別人都會欺騙自己，這是兩回事。所以建立識人的能力，在企業經營管理是很重要的競爭力，否則就不能做生意，也沒辦法跟別人往來了。

管理類別　工作能力及競爭力提昇

論語衛靈公篇
子曰：「**道不同，不相為謀。**」

| 語　　譯 | 孔子說：對於道的想法不同，就不要在一起共事。 |

| 管理意涵 | 對於企業經營過程中，一般人都希望找到志同道合的人，能一起合作共事，在理念及想法上也比較容易溝通，而且在推動一些事務上也比較不會產生溝通上的落差，也較能在相同價值觀下去完成企業的目標。 |

| 管理類別 | 工作夥伴的選擇及共事方式 |

論語季氏篇
子曰：「**生而知之者，上也；學而知之者，次也；困而學之，又其次也；困而不學，民斯為下矣。**」

| 語　　譯 | 一生下來就知道一些道理的人是上等之人，經由學習之後才知道的人是第二等人，遇到困惑才去學習的人，是第三等人，最糟糕的就是有困境又不努力學習，則一定會掉至最後一等的人。 |

| 管理意涵 | 經營管理及商場運作會碰到各種形形色色的人，有些人不需要別人講，自己就很明瞭問題所在，也可以提出一些解決方案，另外有一些人是在不斷學習，爭取新知來 |

充實自我，這些人是值得鼓勵及認同的人。最麻煩的是碰到企業困境問題，自己不思考如何處理，就把事情丟開，這種人是最不可取的，也無法獲得別人的支持。

管理類別　識人的能力及面對挑戰

論語衛靈公篇
子曰：「君子病無能焉，不病人之不己知也。」

語　譯　作為一個君子，比較擔心的是自己沒有能力，而不是擔心別人不了解自己的能力。

管理意涵　在工作職場上要提昇自我的能力，奠定工作競爭力的基礎是比較重要的，如果一天到晚只擔心主管或上司不了解自己，而作出一些超越自己能力的承諾，反而是自曝其短，讓人看不起，因此作好自我成長的學習安排，將自己的實力不斷的奠定，就不用再害怕別人不了解自己，而且當被上司或主管委以重任之際就要全力以赴，以展現最好的自我，如此也會讓人明瞭自己的能力與重要性，進而獲得拔擢。

管理類別　工作能力展現方式

論語衛靈公篇

子曰：「君子不以言舉人，不以人廢言。」

語　　譯	君子不會單憑一個言論就來推薦人，也不會單憑一個人就不想聽他的言論，亦即不因為嫌惡一個人而廢棄他很好的言論。
管理意涵	觀察一個人是否為可造之材，不能只有言論的通達，更要有執行的能人，只有言行合一才是值得推薦的人才，同樣地有的人可能在某方面表現較為不佳，結果認定他不好，就完全忽略他的想法及言論，其實有些也是有值得參考的地方。
管理類別	注重人的言行合一及識人的方法

論語季氏篇

子曰：「侍於君子有三愆：言未及之而言，謂之躁；言及之而不言，謂之隱；未見顏色而言，謂之瞽。」

語　　譯	孔子說：跟君主相處容易犯下三個錯誤，不應該說而先說，謂之急躁，該說而不說，謂之隱瞞，沒有察言觀色地說，謂之盲目。
管理意涵	在公司企業工作，如何扮演一個好的員工或部屬的角

色，包括跟主管的應對過程及說話要懂得分寸，不能功高震主，讓主管不留情面，要表達意見的時候，就提出中肯而具體的建議，不說話的時候就不要搶出頭，讓主管下不了台，如此才能讓主管留下好的印象。如果只是喜歡逞口舌之快，最後倒楣的總是自己。另外面對公司企業有碰到需要提出真相及具體建議的時候，反而躲起來不想說，這樣也不好，因此如何拿捏，就是一門重要的說話學習藝術。

管理類別　說話及行為的藝術

論語子路篇
子曰：「君子和而不同；小人同而不和。」

語　譯　孔子說：君子追求和諧的內涵，而不是萬事皆盲目地跟隨，小人剛好相反，總是盲目的跟從附合，而不是真正達到和諧的內涵。

管理意涵　在公司企業工作，如果盲目地跟隨而不了解其是非對錯，這樣是不會進步的，而且會讓主管或上司不能了解真正對的方向或作法，而形成鄉愿，如此不會讓公司或企業擁有正向的力量，反而是帶來更多反面的效果，而且小人行徑更加橫行，不斷擴大其影響力，這對於公司或企業的成長發展會造成諸多不可預知的變數。

管理類別　如何察納雅言及自我之修養

論語顏淵篇
君子之德風。小人之德草。草上之風，必偃。

語　　譯	身為君王，自己的言行道德就像風吹一樣，一般小人物的德行就像草一般，但是風吹過草，一定會讓草倒下的。

管理意涵	一個國君在治理國政之際，自己的言行、德性都會影響全國老百姓，如同上司的言行德性也一定會影響民眾及部屬或員工等，只要自己的言行德性是對的，一定會影響民眾及部屬的行為及言行，尤其在民主國家及企業高度競爭的時代，更要對自己的一言一行負責，否則老百姓就會有所依循，一旦企業治理不好或經營不好，就可能等著被換掉或面對公司倒閉。

管理類別	主管的言行及德性的重要性

論語先進篇
子曰：「夫人不言，言必有中。」

語　　譯	孔子說，一個人平時講話不多，但要講話就一定有內涵。

管理意涵	一個人講話必須謹言慎行，不要平時大放厥詞，可是都

沒有多大具體內容，這樣是不能得到別人對其認同及肯定的，同樣地在公司或政府部門做事也一樣，如何讓自己說的話具有公信力及獲致一定程度的內涵，需要好好自我修養及磨練，如此才能言而有物，讓人尊重。

管理類別 建立自己的言行公信力

論語堯曰篇
孔子曰：「不知命，無以為君子也；不知禮，無以立也；不知言，無以知人也。」

語　　譯 孔子說：不懂得天命，是不能成為一位君子的；不知基本禮義，是不能在社會立足的；不懂得明辨言論，是不能夠了解別人的。

管理意涵 大自然的循環，基本社會的運作是有一定規律的，要想成功立業，一則要順天而行。自我努力成長，也要有基本誠信道德，建立企業經營規範，更要有察言識人的能力，才能在社會上立足，不會為人所騙，如此也才能找到良好的工作夥伴同仁一起共同努力為企業目標邁進。因此除了要符合社會常規外，也不能為了賺錢挺而走險，一旦出事就無法回頭，萬劫不復了，所以建立一定良好的工作準則，作好識人及觀人言行之能力，就是為自己奠定良好生活的運作基礎。

管理類別 建立適應環境變化之自我調適能力

論語子罕篇
子曰：「**不忮不求，何用不臧。**」

語　　譯	孔子說：一個人不忌妒別人，不過分強求，有那裡不妥善的呢？何需躲藏呢？

管理意涵	一個人的想法會影響其在社會上立足的根基，如果一天到晚忌妒別人的能力及升遷，而不會自我反省，自我要求提升能力，那是不行的。同樣地做事也不能過度強求，把自己跟別人逼到絕境而無法生存，那又何必呢？久而久之，部屬也不會喜歡跟你相處或共事，因為壓力太大到無法呼吸，反而是一種反效果，所以如果能不忌妒、不強求、生活上也會比較快樂一點，生存的空間也會較大，如此就不需自我壓抑了。

管理類別	如何與人相處，做好人際關係溝通

論語學而篇
子曰：「**信近於義，言可復也；恭近於禮，遠恥辱也；因不失其親，亦可宗也。**」

語　　譯	與人講話有信用，符合道義之精神，講話才能執行；對別人恭敬有禮，符合道德規範，才可以避免遭受恥辱。所以跟可靠有信用的人來往，互動過程才可以靠得住。

| 管理意涵 | 與別人互動往來要講究信用，這樣以後跟別人談生意或要履約，別人才會信服。跟人交往要有一定的互動禮節，不能過度隨便，而不尊重別人，這樣人家也才會以禮相待，而不會被別人看不起，故意給你難堪。因為跟正直可靠、講話有信用的人經常來往，別人也會有相同信賴感，所謂近朱者赤，近墨者黑，就是這個道理。 |

| 管理類別 | 人際關係管理 |

08

經營管理

論語里仁篇
子曰：「君子喻於義，小人喻於利。」

語　譯	君子了解的是義理的重要，小人只知道如何爭取私利。
管理意涵	經營企業要建立的是長久的互動關係，因此講究誠信道義相當重要，如果只追求短暫的小利，而成為一種小人行徑，就相當得不償失，也無法讓企業建立可長可久的發展基礎。
管理類別	誠信經營的方式

論語公治長篇
季文子三思而後行。子聞之曰：「再，斯可矣。」

語　譯	季文子說辦事情要經過思考才去執行，孔子聽了說：「思考二次就可以了。」
管理意涵	對於決定一些事情，當然要經過思考判斷分析，才去執行，不可莽撞行事，但也不要左思右想，猶豫不決一直不能下決定，到時也會延誤商機，錯失好的機會。
管理類別	決策的思維

論語八佾篇

子曰：「『關雎』樂而不淫，哀而不傷。」

| 語　　譯 | 關雎這首詩，表示在快樂中不能過度放蕩不羈，在哀思中不要過度悲傷。 |

管理意涵　經營企業面對有很好的經營成效時，不能過度自我膨脹，而任意胡作非為，因為競爭對手隨時在旁邊虎視眈眈想要趁虛而入，因此要存有危機意識，不能因為賺了大錢，有好業績就自以為是，目中無人；另外碰到不如意的事，也不要過度悲傷，一蹶不振，可能是老天爺在考驗自己的能耐，要能吃苦，碰到困境有所突破，才是對的作法。

管理類別　經營管理與危機意識

論語里仁篇

子曰：「放於利而行，多怨。」

語　　譯　每個人完全依照利害關係來做事，是很容易招來別人的抱怨。

管理意涵　經營企業若完全依照利益關係來作為決策因應準則，缺乏一些互動及關懷的心境，縱然事業有賺錢，也不容易

交到真心的好朋友，別人也會覺得這個企業毫無同情心或朋友道義。一旦有碰到一些不好狀況，也會遭受到別人無情的對待，因此要能創造雙贏，對往來的廠商有時也可以稍微犧牲一點，存有一點同情心或江湖道義，可以適度協助度過難關，才有好的企業商譽。

管理類別　經營管理思維，誠信建立

論語述而篇
子曰：「志於道，據於德，依於仁，游於藝。」

語　　譯　孔子說：要立志求道，立基根德，行事靠仁義，而悠遊於在禮、樂、射、御、書、數等六藝之中。

管理意涵　企業經營要有經營願景及基本立業根本，講究仁義誠信是基本精神，而且要自我不斷創新求變，以因應市場環境的變革，而且在管理技能方法也要不斷自我學習，才能提昇整體團隊效能，尤其員工如能堅守基本原則，誠信對待顧客，並且學習多元化的應用知識及技能，如此才能因應競爭對手的加入及挑戰而不會快速崩解，進而屹立不搖。

管理類別　因應外在環境變化的能力

論語為政篇
子曰：「攻乎異端，斯害也已！」

| 語　　譯 | 孔子說：一心想走旁門走道，這是在害自己啊！ |

| 管理意涵 | 企業經營不能想走旁門走道，只圖短視近利，這是不能長久的，如同為了節省成本，就用了有毒的化工原料或不該用的化學物品進行食品添加，這種方法早晚會被察覺而東窗事發，信譽掃地，因此企業要循正道而行，這才是對的方法。 |

| 管理類別 | 企業經營不能走小道 |

論語季氏篇
子曰：「君子有三畏：畏天命，畏大人，畏聖人之言。小人不知天命而不畏也，狎大人，侮聖人之言。」

| 語　　譯 | 孔子說，君子有三種畏懼，第一種害怕天命，第二種害怕身居高位之人，第三種擔心聖人的言論，小人因為不懂天命而乘機造勢，因此不害怕，另外對身居高位者不尊敬又隨便批評，更看不起聖人的言論。 |

| 管理意涵 | 身為一個有修養的君子，要順天命而行，不要逆天而行，對於在高處的長官要懂得學習他人的能力及專長， |

以作為自我依循的目標，對於歷代聖人的言論，則要保持自我修持的心去體會與實踐，如此在人生的過程會走得較坦順。反之有些企業經營者，喜歡走小道，就算一時得利或得勢，那一天東窗事發也一樣不能生存下去，因此要能順天命而做。

管理類別　管理原則之建立

論語先進篇

齊景公問政於孔子。孔子對曰：「君君，臣臣，父父，子子。」公曰：「善哉！」

語　　譯　齊景公向孔子請教如何治理國政，孔子回答說：國君有國君的風範、臣子有臣子的禮節、父親有父親的職責、兒子有兒子的言行。齊景公說：講得好啊！

管理意涵　一個社會或國家的治理都要有一定的倫理道德規範，當一個在上位的統治者，要有國君的風範與治理能力，做為一個部屬則要有一定的禮節和責任付出，而當一個父親的人，也要有父親的職責，而做為一個兒子也要有一定的言行舉止，如此社會才有基本的運作倫理而不會脫序，否則大家皆我行我素，如何讓社會或國家更為祥和呢？

管理類別　基本管理原則及制度之建立

論語顏淵篇

子曰：「**君子成人之美，不成人之惡；小人反是。**」

語　　譯　君子喜歡成就別人的好事，不喜歡促成別的壞事，然而小人的行為剛好相反。

管理意涵　一個人有德性的人，都喜歡做好事，成就美好的事物，而且不喜歡做出或協助別人做不好的事，如同在商場上，一天到晚想欺騙別人或詐取別人的錢財，這是不會得到認同的，一旦時間久了，大家都知道，就不喜歡跟他做生意，因此也就很難在社會上生存下去了。

管理類別　誠信的養成及建立

論語為政篇

子曰：「**人而無信，不知其可也。大車無輗，小車無軏，其何以行之哉？**」

語　　譯　一個人如果沒有信用，不知道在世上如何與人相處，如同馬車沒有輗（車轅與轅頭交接的關鍵榫頭），牛車沒有軏（用以平衡車輛的木）條，不知道如何在道路上行走。

管理意涵　一個人要懂得維護自己的信用，一旦失去了信用就沒有

人想跟他做生意，對他所講的話也不能相信，那以後在社會上如何立足呢？因此公司經營要想維持良好的信譽，就要好好珍惜，這也是立業的根本所在。

管理類別　企業經營管理，誠信的建立

09

企業文化

論語陽貨篇
子曰：「性相近也、習相遠也。」

| 語　　譯 | 孔子說：人的本性是差不多的，只是後天的生活環境不同，使其學習有所差異而已。 |

| 管理意涵 | 企業員工雖然來自不同地方，可是一旦經由企業文化的注入及養成，長而久之，也能把員工的工作習性加以同化，進而形成一定的習慣和特質，因為人的本性是差不多，只是在於後天的生活習慣加以調整，而呈現差異而已，因此一個公司的企業文化塑造是相當重要的，也是企業形象及受到外界認知的關鍵利基。 |

| 管理類別 | 企業文化之融合及建立 |

論語陽貨篇
子曰：「鄉愿，德之賊也！」

| 語　　譯 | 鄉里間那些不能明辨是非的人，是敗壞倫理道德的小人啊！ |

| 管理意涵 | 在公司做事，有時候總是礙於同事情誼，很多事情就便宜行事，破壞規則，久而久之，也就形成一種鄉愿文化而無法改變，結果許多應該要發揮效能、展現績效的時 |

候就無法達成，如此公司團隊競爭力也就愈形下降，因
此身為主管或上司應該要堅持原則，否則倫理道德一旦
流失就很難挽回了。

管理類別　如何改變公司文化及工作習性

論語述而篇
子以四教：文、行、忠、信。

語　　譯　孔子用四種內容特色來教化其弟子，包括知識、德行、
忠誠及信譽。

管理意涵　作為一個企業經營管理者，必需提供良好的環境和學習
的過程，使得員工可以有所效法，自我成長，並且也要
愛護珍惜自己的名聲及誠信，那不是一朝一夕可以養成
的，而企業有良好的教化內涵，則可以影響企業整體文
化。

管理類別　企業的培訓制度及企業文化之建立

論語顏淵篇
季康子患盜，問於孔子。孔子對曰：「苟子之不欲，雖賞
之不竊。」

季康子感覺國內盜賊相當多，遭受盜賊之騷擾很嚴重，就請教孔子如何處理。孔子回答說，如果您本身不貪求，就算遺落在地上，人們也不會去偷，更不用說是獎勵人去偷竊，一般人更是不會做這種事。

管理意涵　公司治理最重要的是如何塑造良善的企業文化，因為好的企業文化會影響員工的行為及態度，就算用不當手法得到獲利機會，也不會任意去做，因為做了這些事就要負責，其罰則會相當得不償失。

管理類別　公司治理

10

忠誠度之建立

論語子罕篇
子曰：「吾未見好德如好色者也。」

語　　譯　　我沒有看見喜好仁德像喜好美色的人一樣。

管理意涵　　人在工作職場中，要能抵抗誘惑及美色，如果自己心意
　　　　　　不堅，就很容易背叛公司同仁，成為無信用之人，因此
　　　　　　要能積極建立自己的信用及形象，而不是貪圖美色，見
　　　　　　色忘友，如此是不能找到好的志同道合之工作夥伴。

管理類別　　忠誠度之建立及人格考驗

11

成本管理

論語述而篇
子曰:「奢則不遜,儉則固,與其不遜也,寧固。」

語　　譯　習慣奢侈的生活,就會呈現傲慢的心境,儉樸就會顯得保守而寒酸,但與其過度傲慢,不如寒酸一點好。

管理意涵　公司經營著重管理效能或成本管控,一旦公司人員習慣浪費成性,則額外不當支出費用就會增加,也就無法提昇財務效能。如果只要簡單素雅,不講究豪華,日常生活運作費用就會較為緊縮,但是與其過度浪費,沒有控管成本,到頭來,如果經營有虧損,就不可以讓公司正常營運下去,因此寧願花費緊縮一些,也不要過度鋪張浪費,養成不良工作習性,這對於企業運作效能的提昇是不好的。

管理類別　企業成本的掌控及管理

12

企業誠信

論語里仁篇
子曰：「古者言之不出，恥躬之不逮也。」

語　　譯	孔子說：古代的人是不能隨便說話的，因為他們認為不可以為自己的行為和言語不佳，而有轉圜餘地。

管理意涵	對於企業承諾的事情是不容打折的，因為關係到企業的誠信和聲譽，因此包括產品價格、行銷方式以及網站公布的訊息都要負責任，一旦講出去就不可以不履約，否則不僅顧客不能認同支持、政府機關也不會表示同意，所以在作出決策之前，一定要審慎，不可當兒戲。

管理類別	誠信之建立及人格考驗

論語憲問篇
子曰：「其言之不怍，則為之也難！」

語　　譯	一個人如果經常講大話，而不知慚愧，如此要他履行承諾也會很難。

管理意涵	在商場上經營，難免有人會誇大其詞，可是如果常態性言過其詞，最後則是不能履行，久而久之對這種人講話大家就會不相信了，因此要在商場上生存，沒有一定誠信，專靠欺騙詐騙，講話吹牛，做久了也會氣球戳破，

無法掩蓋自己的做不到與沒有誠信，如此要跟別人做生意也會很困難，更不容易交到情義相挺的知己及好朋友。

| 管理類別 | 誠信之建立及務實做事之方法 |

13

其他管理範疇

論語憲問篇
子曰：「驥不稱其力，稱其德也。」

語　譯　對一匹良馬不是只稱許牠的力量，而是讚美牠的品質。

管理意涵　一個有能力的人，如果不願意發揮其專業，仍然跟平凡人差不多，因此在職場工作，有些高學歷者對於從事的工作有時會嗤之以鼻，不屑投入，結果只會讓別人更看不起，因為許多事情總是需要一步一腳印累積自己的經驗，就算對自己很容易執行的事情，有時不熟練仍然會犯錯，因此有能力的人更要積極做事，展現自己的效能，讓主管及上司可以感受到，如果只是怨嘆上司或主管都只派任一些簡單的工作而做事不起勁，這樣一樣不能被拔擢當主管。

管理類別　專業加上工作品質的重要性

論語顏淵篇
司馬牛問仁。子曰：「仁者其言也訒。」曰：「其言也訒，斯謂之仁已乎？」

語　譯　司馬牛問何謂仁德。孔子說：有仁德的人，講話相當慎重，而不輕易發言。司馬牛說：不輕易發言的人就可以稱之有仁德的人嗎？孔子說：做起來是很困難的，在說

話的時候都能很慎重嗎？

管理意涵 對於自己的言行能夠相當克制，而不隨便發言的人是不多的，因為人有情緒，一個能夠克服自己情緒而謹慎發言的人，比較不會得罪人，尤其服務業工作更要以客為尊，有時也要忍讓自己的脾氣，不要任意發火，否則這樣很容易得不償失，因此要懂得如何自我克制，這也是一門大學問啊！

管理類別 如何有效察言觀色，建立面對顧客的應對之道